NCS

NCS기반 크리에이티브 업스타일

저 자

어수연 한성대학교 예술대학원 뷰티예술학과

손지연 한국영상대학교 방송헤어분장과

진용미 서경대학교 미용예술학과

박은준 서경대학교 미용예술학과

유세은 여주대학교 준오헤어스타일과

강주아 건국대학교 미래지식교육원

권기형 국가대표선수 트레이너

김종란 오산대학교 뷰티 & 코스메틱계열

머리말

업스타일은 동서고금을 막론하고 헤어스타일을 아름답게 표현하기 위한 여러 미적 행위 중 아름다움과 동시에 격식과 예를 표현할 수 있는 중요한 작업입니다. 고객의 신체적인 조건과 업스타일의 목적에 부합되는 스타일링을 할 수 있는 능력을 갖추기 위해서는 관련 지식의 숙지와 기술적 테크닉을 연마한 후 창의적인 감성이 더해져야 합니다.

〈NCS기반 크리에이티브 업스타일〉은 NCS(국가직무능력표준)를 기반으로 미용현장에서 업스타일 업무를 수행하기 위해 요구되는 지식, 기술, 태도 등을 체계화하였습니다. 또한 〈NCS기반 베이직 업스타일〉로 익힌 이론과 테크닉을 바탕으로 여러 가지 응용 테크닉을 활용한 다양한 업스타일 작품을 담았습니다. 더불어 작품의 완성도를 높일 수 있도록 작품의상 제작 과정도 함께 구성하여 각종 대회 및 작품 전시까지 준비 가능하도록 활용 폭을 넓혔습니다.

유난히 폭염이 기승을 부렸던 이번 여름 동안 휴가를 반납한 채 구슬땀을 흘리며 교재 작업을 같이 해 주신 분들과 이 책의 출간을 위해 아낌없는 후원과 지원을 해주신 도서출판 구민사 조규백 대표님과 직원, 그 외 모든 분들께 진심어린 감사의 마음을 전합니다.

저자 일동

Contents

Contents

1

NCS기반 크리에이티브 업스타일

National Competency Standards

Creative Upstyle

NCS

1. 교과목 프로파일

교과목 프로파일					
교과목명	크리에이티브 업스타일	이수구분	전공선택	시수	3
학년	2	학점	3	이론/실습	1/2

직무명 및 NCS 능력단위			
직무명	능력단위	능력단위코드	학습모듈
헤어미용	크리에이티브 업스타일	1201010147_17v4	■유/□무

교과목 개요 및 특징	**[교과 개요]** • 고객의 미적 요구를 충족하기 위한 헤어미용 서비스로 고객의 외형적 특징, 트랜드 등을 반영하여 적합한 디자인을 설계하고 여러 가지 테크닉과 예술성을 기본으로 신체 조건 및 시술 목적에 맞게 크리에이티브 업스타일을 디자인하기 위해 편성됨 **[교과 특징]** • NCS능력단위의 수행준거를 기반으로 고객 유형 분석, 디자인에 대한 지식과 기술을 통해 고객에게 적합한 크리에이티브 업스타일을 제작하도록 함. 또한 업스타일에 사용되는 헤어 액세서리와 피스를 제작 · 활용하여 창의적인 업스타일 디자인을 완성함 • 본 교과는 강의 및 실습, 팀별 실습 중심의 교과목이며 헤어미용 실습 크리에이티브 업스타일 과목임
교육목표	크리에이티브 업스타일이란 업스타일에 사용되는 헤어 액세서리와 피스를 손질하고 활용하여 창의적인 업스타일 디자인을 완성할 수 있다.
교육내용	**1. 크리에이티브 업스타일 준비하기** • 고객의 특성과 상황을 고려하여 업스타일 볼륨의 위치를 결정할 수 있다. • 디자인 연출에 필요한 업스타일 도구 및 재료를 선택하여 준비할 수 있다. • 업스타일 디자인 연출에 필요한 사전작업도구를 선택하여 준비할 수 있다. **2. 크리에이티브 업스타일 진행하기** • 업스타일 디자인에 필요한 사전작업을 할 수 있다. • 볼륨의 위치에 따른 업스타일 디자인 연출방법을 결정할 수 있다. • 다양한 업스타일 기술과 제품을 활용하여 창의적인 업스타일을 연출할 수 있다. **3. 크리에이티브 업스타일 마무리하기** • 헤어 액세서리와 소품을 활용하여 디자인을 마무리할 수 있다. • 디자인의 균형과 조화의 완성도를 높일 수 있도록 보정할 수 있다. • 헤어 액세서리와 피스, 소품을 손질하여 보관할 수 있다.

	NCS 능력단위	재료 · 자료
장비 및 도구	• 거울과 의자 • 블로우 드라이어 • 헤어 매직기 • 전기 헤어세트롤러 • 일반 헤어세트롤러 • 업스타일용 도구 일체 • 마네킹 홀더	• 헤어스타일 연출 제품(헤어 보습제, 스프레이, 왁스 등) • 헤어 핀셋, 업스타일용 핀, 고무줄 등의 업스타일 재료 • 헤어 싱, 망 다양한 형태의 헤어 피스, 헤어 액세서리 등 • 업스타일 장식용 소품 • 업스타일 연습용 통가발

교수·학습방법	A	B	C	D	E	F	G	H
	○	○						

A. 이론강의 B. 실습 C. 발표 D. 토론 E. 팀프로젝트 F. 캡스톤디자인
G. 포트폴리오(학습자/교수자) H. 기타

평가방법	A	B	C	D	E	F	G	H	I	J	K	L	M
	○						○					○	

A. 포트폴리오 B. 문제해결 시나리오 C. 서술형 시험 D. 논술형 시험 E. 사례 연구
F. 평가자 질문 G. 평가자 체크리스트 H. 피평가자 체크리스트 I. 일지/저널
J. 역할 연기 K. 구두 발표 L. 작업장 평가 M. 기타

교육정보	• 업스타일 관련 참고도서 • 인터넷을 통한 전문 채널 및 DVD 등의 시청각 자료 • 사용 제품의 제품 설명서

관련 NCS 정보

대분류	중분류	소분류	세분류	능력단위	능력단위코드
이용/숙박/여행/오락/스포츠	이/미용	이/미용서비스	헤어미용	크리에이티브 업스타일	1201010147_17v4

능력단위요소(코드)			수행준거	지식 · 기술 · 태도
1	1201010147_17v4.1 크리에이티브 업스타일 준비하기	1.1	고객의 특성과 상황을 고려하여 업스타일 볼륨의 위치를 결정할 수 있다.	【지 식】 • 업스타일에 필요한 디자인 요소와 원리에 관한 지식 • 업스타일을 위한 사전작업에 대한지식 • 헤어 피스 종류와 손질 및 활용에 관한 지식 • 헤어 액세서리 제작과 활용에 관한지식 【기 술】 • 고객의 특성에 따른 상위양감 업스타일을 디자인하는 능력 • 업스타일에 필요한 사전작업을 할 수 있는 기술 • 다양한 헤어 피스를 손질하고 활용하는 능력 • 디자인에 맞는 헤어 액세서리를 제작하고 활용하는 능력 【태 도】 • 균형과 조화를 고려하는 자세 • 디자인의 창의성과 완성도 높이려는 자세 • 고객의 불편을 확인하고 대처하는 태도 • 고객만족을 위해 노력하는 태도
		1.2	디자인 연출에 필요한 업스타일도구 및 재료를 선택하여 준비할 수 있다.	
		1.3	업스타일 디자인 연출에 필요한 사전작업도구를 선택하여 준비할 수 있다.	

2	1201010147_17v4.2 크리에이티브 업스타일 진행하기	2.1	업스타일 디자인에 필요한 사전작업을 할 수 있다.	【지 식】 • 업스타일에 필요한 디자인 요소와 원리에 관한 지식 • 업스타일의 다양한 연출기법에 관한지식 • 헤어 싱, 헤어 망의 활용법 • 헤어 피스와 헤어 액세서리의 활용법 【기 술】 • 고객의 특성에 따른 업스타일을 연출할 수 있는 능력 • 헤어 싱, 헤어 망을 활용하는 기술 • 헤어 피스와 헤어 액세서리의 활용 기술 【태 도】 • 전체적인 균형과 구도를 이해하려는 태도 • 두피를 자극하지 않도록 주의하는 자세 • 디자인의 창의성과 완성도를 높이려는 태도 • 고객의 불편을 확인하고 대처하는 자세 • 고객만족을 위해 노력하는 태도
		2.2	볼륨의 위치에 따른 업스타일 디자인 연출방법을 결정할 수 있다.	
		2.3	다양한 업스타일 기술과 제품을 활용하여 창의적인 업스타일을 연출할 수 있다.	
3	1201010147_17v4.3 크리에이티브 업스타일 마무리하기	3.1	헤어 액세서리와 소품을 활용하여 디자인을 마무리할 수 있다.	【지 식】 • 헤어스타일링 제품의 특성과 사용에 관한 지식 • 헤어스타일 연출과 디자인에 관한 지식 • 업스타일 디자인 균형과 조화에 관한 지식 • 헤어 액세서리, 피스, 소품의 손질과 보관에 관한 지식 【기 술】 • 헤어스타일링 제품의 활용 기술 • 디자인의 균형을 확인하고 보정할 수 있는 기술 • 헤어 액세서리, 피스, 소품을 손질하고 보관하는 기술 • 고객만족을 확인하고 업스타일디자인을 조화롭게 완성할 수 있는 능력 【태 도】 • 디자인의 완성도를 높이려는 자세 • 고객만족을 위해 노력하는 태도 • 고객의 불편을 확인하고 대처하는 자세
		3.2	디자인의 균형과 조화의 완성도를 높일 수 있도록 보정할 수 있다.	
		3.3	헤어 액세서리와 피스, 소품을 손질하여 보관할 수 있다.	

2. NCS기반 강의계획서

강의계획서				
직무		**능력단위/책무(Duty)**		**능력단위코드**
헤어미용		크리에이티브 업스타일		1201010147_17v4
교과목명	크리에이티브 업스타일	**이수구분**	전공선택	**담당교수**	어수연
학년	2	**학점**	3	**시수(이론)**	3 (1/2)
교육목표	크리에이티브 업스타일이란 업스타일에 사용되는 헤어 액세서리와 피스를 손질하고 활용하여 창의적인 업스타일디자인을 완성할 수 있다.				

교수학습 방법	이론강의	실습	발표	토론	팀 프로젝트	캡스톤 디자인	포트 폴리오	기타
	○	○						○

교육장소 (시설)	일반강의실		전용실습실		컴퓨터실습실		…		외부 교육시설		기타	
			○								○	

교재	주교재	NCS기반 크리에이티브 업스타일
	부교재	NCS 학습모듈(업스타일)
	참고 교재	PIVOT POINT LONG HAIR DESIGN

평가방법	A	B	C	D	E	F	G	H	I	J	K	L	M
	○		○									○	
	A. 포트폴리오 B. 문제해결 시나리오 C. 서술형 시험 D. 논술형 시험 E. 사례 연구 F. 평가자 질문 G. 평가자 체크리스트 H. 피평가자 체크리스트 I. 일지/저널 J. 역할 연기 K. 구두 발표 L. 작업장 평가 M. 기타 ※ 세부내용은 평가계획서에 기술됨												

관련 능력단위요소/작업(Task)	수행준거	지식 · 기술 · 태도
1201010147_17v4.1 크리에이티브 업스타일 준비하기	1.1. 고객의 특성과 상황을 고려하여 업스타일 볼륨의 위치를 결정할 수 있다. 1.2. 디자인 연출에 필요한 업스타일 도구 및 재료를 선택하여 준비할 수 있다. 1.3. 업스타일 디자인 연출에 필요한 사전작업도구를 선택하여 준비할 수 있다.	【지 식】 • 업스타일에 필요한 디자인 요소와 원리에 관한 지식 • 업스타일을 위한 사전작업에 대한지식 • 헤어 피스 종류와 손질 및 활용에 관한 지식 • 헤어 액세서리 제작과 활용에 관한지식 【기 술】 • 고객의 특성에 따른 상위양감 업스타일을 디자인하는 능력 • 업스타일에 필요한 사전작업을 할 수 있는 기술 • 다양한 헤어 피스를 손질하고 활용하는 능력 • 디자인에 맞는 헤어 액세서리를 제작하고 활용하는 능력 【태 도】 • 균형과 조화를 고려하는 자세 • 디자인의 창의성과 완성도 높이려는 자세 • 고객의 불편을 확인하고 대처하는 태도 • 고객만족을 위해 노력하는 태도
1201010147_17v4.2 크리에이티브 업스타일 진행하기	2.1. 업스타일 디자인에 필요한 사전작업을 할 수 있다. 2.2. 볼륨의 위치에 따른 업스타일 디자인 연출방법을 결정할 수 있다. 2.3. 다양한 업스타일 기술과 제품을 활용하여 창의적인 업스타일을 연출할 수 있다.	【지 식】 • 업스타일에 필요한 디자인 요소와 원리에 관한 지식 • 업스타일의 다양한 연출기법에 관한지식 • 헤어 싱, 헤어 망의 활용법 • 헤어 피스와 헤어 액세서리의 활용법 【기 술】 • 고객의 특성에 따른 업스타일을 연출할 수 있는 능력 • 헤어 싱, 헤어 망을 활용하는 기술 • 헤어 피스와 헤어 액세서리의 활용 기술 【태 도】 • 전체적인 균형과 구도를 이해하려는 태도 • 두피를 자극하지 않도록 주의하는 자세 • 디자인의 창의성과 완성도를 높이려는 태도 • 고객의 불편을 확인하고 대처하는 자세 • 고객만족을 위해 노력하는 태도
1201010147_17v4.3 크리에이티브 업스타일 마무리하기	3.1. 헤어 액세서리와 소품을 활용하여 디자인을 마무리할 수 있다. 3.2. 디자인의 균형과 조화의 완성도를 높일 수 있도록 보정할 수 있다. 3.3. 헤어 액세서리와 피스, 소품을 손질하여 보관할 수 있다.	【지 식】 • 헤어스타일링 제품의 특성과 사용에 관한 지식 • 헤어스타일 연출과 디자인에 관한 지식 • 업스타일 디자인 균형과 조화에 관한 지식 • 헤어 액세서리, 피스, 소품의 손질과 보관에 관한 지식 【기 술】 • 헤어스타일링 제품의 활용 기술 • 디자인의 균형을 확인하고 보정할 수 있는 기술 • 헤어 액세서리, 피스, 소품을 손질하고 보관하는 기술 • 고객만족을 확인하고 업스타일디자인을 조화롭게 완성할 수 있는 능력 【태 도】 • 디자인의 완성도를 높이려는 자세 • 고객만족을 위해 노력하는 태도 • 고객의 불편을 확인하고 대처하는 자세

3. 주차별 강의교안

주별 강의내용					
주차	학습내용(단원명)	수업(수행 목표)	수업방법 (교수학습)	수업매체 및 자료	평가 시기
1주	오리엔테이션 교과목 소개 NCS 진단평가 1차	• 미용 산업에서 헤어 업스타일의 포지션 및 중요성을 설명 할 수 있다. • 헤어디자인에서 헤어 업스타일의 개념 과 역할을 설명 할 수 있다. • 직업기초능력의 필요성에 대해 말할 수 있다. • 크리에이티브 업스타일 프로젝트 수업 의 진행 방법 및 성적 평가기준을 말할 수 있다.	강의	교재	
2주	헤어디자인의 3요소 디자인 법칙 디자인 기법	• 업스타일에 필요한 디자인 요소와 원리 를 말할 수 있다. • 업스타일을 위한 사전작업에 대해 설명 할 수 있다. • 업스타일의 다양한 연출기법에 대해 말 할 수 있다.	강의	교재	
3주	당고 스타일 (땋기 응용) 리본 땋기스타일 (땋기&고리 응용)	• 고객의 특성과 상황을 고려한 업스타일 을 디자인할 수 있다. • 업스타일을 위한 사전작업(드라이)을 할 수 있다. • 업스타일의 땋기&고리 응용 테크닉을 작업할 수 있다. • 고객의 특성과 상황을 고려하여 다운업 스타일을 디자인할 수 있다.	강의,실습	교재	
4주	반머리 스타일 (웨이브&꼬기)	• 웨이브를 위한 사전작업(마샬 웨이브) 을 할 수 있다. • 볼륨의 위치에 따른 업스타일 디자인을 연출할 수 있다.	강의,실습	교재	
5주	액세서리 만들기 (롤 피스 응용)	• 롤 피스로 액세서리를 제작과 활용할 수 있다. • 헤어 액세서리와 피스, 소품을 손질하 여 보관할 수 있다.	강의,실습	교재	
6주	다운 스타일 (피스 응용)1,2	• 고객의 특성과 상황을 고려하여 업스타 일을 디자인할 수 있다. • 웨이브를 위한 사전작업(드라이, 마샬 웨이브 등)을 할 수 있다. • 다양한 헤어 피스를 손질하고 활용할 수 있다. • 헤어 피스, 헤어 액세서리를 활용하여 볼륨을 연출할 수 있다. • 내추럴한 다운스타일로 볼륨을 연출할 수 있다.	강의,실습	교재	

7주	평가 헤어디자인의 3요소 디자인 법칙 디자인 기법	직무능력평가1 • 업스타일의 응용 원리, 디자인요소, 법칙, 기법, 스타일제품, 장식 등 이론적 지식을 평가한다.	서술형 평가	교재	1차
8주	액세서리 만들기 (롤 피스 응용)	직무능력평가 1차에 대한 피드백 향상/심화 수업 • 롤 피스로 액세서리를 제작과 활용할 수 있다. • 헤어 액세서리와 피스, 소품을 손질하여 보관할 수 있다.	강의	교재	
9주	신부업스타일 (롤&꼬기&고리 응용)	• 고객정보에 따른 외부정보, 내부정보를 구분하여 파악할 수 있다. • 볼륨 및 내추럴한 다운스타일 디자인을 할 수 있다.	강의,실습	교재	
10주	망 웨이브 스타일 (망 응용)	• 고객의 특성과 상황을 고려하여 볼륨스타일을 디자인할 수 있다. • 헤어 망, 헤어 액세서리를 활용하여 볼륨을 연출할 수 있다.	강의,실습	교재	
11주	작품 액세서리 만들기 (귀걸이, 장신구)	• 헤어 액세서리 제작과 활용을 할 수 있다. • 헤어 액세서리와 피스, 소품을 손질하여 보관할 수 있다.	강의,실습	교재	
12주	작품 의상 만들기	• 헤어작품 의상 제작과 활용을 할 수 있다. • 헤어작품 의상을 손질하여 보관할 수 있다.	강의,실습	교재	
13주	양소라 스타일 (싱 응용)	• 업스타일을 위한 사전작업(헤어 세트, 드라이, 마샬 웨이브 등)을 할 수 있다. • 다양한 기법을 활용하여 업스타일의 볼륨을 창의적으로 연출할 수 있다. • 헤어 싱, 헤어 액세서리를 활용하여 볼륨을 연출할 수 있다.	강의,실습	교재	
14주	양소라 스타일 (싱 응용) 크리에이티브 업스타일	직무능력평가2 • 헤어 싱, 헤어 액세서리를 활용하여 볼륨을 연출할 수 있다. 직무능력평가3 • 업스타일 준비성, 응용 기법, 숙련도, 테크닉, 완성도등 작업 능력을 능력단위요소에 의거한 실습 후 작성한 포트폴리오	(작업장) (포트폴리오 제출)		2차 3차
15주	작품완성 NCS진단평가 2차	• 크리에이티브 업스타일 완성 후 헤어 액세서리를 활용하여 업스타일 작품을 연출 전시할 수 있다. 진단평가 2차에 대한 피드백 향상/심화수업 보완평가 – 향상/심화 1,2차에 대한 평가	(전시)		

4. 평가계획서

평가계획서				
교과목명	크리에이티브 업스타일		**담당교수**	어수연
관련 직무명	헤어미용		**능력단위명*** **(능력단위코드)**	크리에이티브 업스타일 1201010147_17v4
평가개요	**구분**	**배점**	**평가개요**	
	진단평가	–	업스타일 헤어디자인에 따른 이미지와 응용 원리를 바르게 이해하고 이에 따른 학습 성과를 달성하는데 필요한 사전 지식을 평가한다(점수 반영하지 않음).	
	출석평가	20%	매주 수업의 출결을 확인한다.	
	직무수행능력평가 1	30%	크리에이티브 업스타일을 바르게 이해하고 디자인요소, 법칙, 기법을 표현할 수 있는 작업 능력을 서술형 평가한다.	
	직무수행능력평가 2	30%	크리에이티브 업스타일 테크닉 기법 및 법칙을 이미지 및 필요조건에 맞게 표현할 수 있는 작업능력을 실기 평가한다.	
	직무수행능력평가 3	20%	포트폴리오	
평가항목	**평가내용 및 방법**			
진단평가	• 평가내용 : 크리에이티브 업스타일 교과의 학습 성과를 달성하는데 필요한 사전 지식을 평가한다. • 평가시기 : 1주차 • 영역별 평가내용			

평가영역	문항	자가진단		
		우수	보통	미흡
크리에이티브 업스타일 준비하기	1.1 고객의 특성과 상황을 고려하여 업스타일 볼륨의 위치를 결정할 수 있다.			
	1.2 디자인 연출에 필요한 업스타일 도구 및 재료를 선택하여 준비할 수 있다.			
	1.3 업스타일 디자인 연출에 필요한 사전 작업 도구를 선택하여 준비할 수 있다.			
크리에이티브 업스타일 진행하기	2.1 업스타일 디자인에 필요한 사전작업을 할 수 있다.			
	2.2 볼륨의 위치에 따른 업스타일 디자인 연출 방법을 결정할 수 있다.			
	2.3 다양한 업스타일 기술과 제품을 활용하여 창의적인 업스타일을 연출할 수 있다.			

평가영역	문항	자가진단		
		우수	보통	미흡
크리에이티브 업스타일 마무리하기	3.1 헤어 액세서리와 소품을 활용하여 디자인을 마무리할 수 있다.			
	3.2 디자인의 균형과 조화의 완성도를 높일 수 있도록 보정할 수 있다.			
	3.3 헤어 액세서리와 피스, 소품을 손질하여 보관할 수 있다.			

진단평가

- 평가방법 : 자가진단 체크리스트
- 평가 시 고려사항 : 진단평가 결과는 성적에 포함되는 것이 아니므로 솔직하게 응답하도록 한다.
- 평가결과 활용 계획 : 평가결과에 따라 교수 · 학습계획을 수정 · 보완한다.

출석평가

대학의 출석 관련 규정 및 지침에 따름

직무수행 능력평가 1

- 관련 능력단위요소 : 크리에이티브 업스타일 준비하기, 크리에이티브 업스타일 진행하기
- 평가내용 : 업스타일의 응용 원리, 디자인 요소, 법칙, 기법, 스타일제품, 장식등 이론적 지식습득 능력을 평가한다.
- 평가시기 : 7주차
- 세부 평가내용

수행준거
1.1 고객의 특성과 상황을 고려하여 업스타일 볼륨의 위치를 결정할 수 있다.
1.2 디자인 연출에 필요한 업스타일 도구 및 재료를 선택하여 준비할 수 있다.
1.3 업스타일 디자인 연출에 필요한 사전작업 도구를 선택하여 준비할 수 있다.
2.1 업스타일 디자인에 필요한 사전작업을 할 수 있다.

- 평가방법 : 서술형 평가
- 평가 시 고려사항 : 업스타일 작업 도구와 제품 사용, 기법 활용, 원리 및 방법 등 숙지 여부를 평가한다.

직무수행 능력평가 2

- 관련 능력단위요소 : 크리에이티브 업스타일 진행하기, 크리에이티브 업스타일 마무리하기
- 평가내용 : 업스타일 기법, 법칙의 응용 원리에 따른 디자인 완성도 등 작업 방법 테크닉 작업 능력을 실기 평가한다.
- 평가시기 : 14주차
- 세부 평가내용

수행준거
2.2 볼륨의 위치에 따른 업스타일 디자인 연출방법을 결정할 수 있다.
2.3 다양한 업스타일 기술과 제품을 활용하여 창의적인 업스타일을 연출할 수 있다.
3.1 헤어 액세서리와 소품을 활용하여 디자인을 마무리할 수 있다.
3.2 디자인의 균형과 조화의 완성도를 높일 수 있도록 보정할 수 있다.
3.3 헤어 액세서리와 피스, 소품을 손질하여 보관할 수 있다.

- 평가방법 : 작업장 평가
- 평가 시 고려사항 : 업스타일 준비성, 기법, 숙련도, 응용 테크닉, 완성도 등 작업 능력을 실기 평가한다.

직무수행 능력평가 3	• 관련 능력단위요소 : 크리에이티브 업스타일 준비하기, 크리에이티브 업스타일 진행하기, 크리에이티브 업스타일 마무리하기 • 평가내용 : 업스타일 기법, 법칙의 기본원리에 따른 디자인 완성도 등 작업 방법 테크닉 작업 능력을 실습 일지 형식으로 포트폴리오 작성하여 평가한다. • 평가시기 : 14주차 • 세부 평가내용

수행준거
1.1 고객의 특성과 상황을 고려하여 업스타일 볼륨의 위치를 결정할 수 있다.
1.2 디자인 연출에 필요한 업스타일 도구 및 재료를 선택하여 준비할 수 있다.
1.3 업스타일 디자인 연출에 필요한 사전작업도구를 선택하여 준비할 수 있다.
2.1 업스타일 디자인에 필요한 사전작업을 할 수 있다.
2.2 볼륨의 위치에 따른 업스타일 디자인 연출방법을 결정할 수 있다.
2.3 다양한 업스타일 기술과 제품을 활용하여 창의적인 업스타일을 연출할 수 있다.
3.1 헤어 액세서리와 소품을 활용하여 디자인을 마무리할 수 있다.
3.2 디자인의 균형과 조화의 완성도를 높일 수 있도록 보정할 수 있다.
3.3 헤어 액세서리와 피스, 소품을 손질하여 보관할 수 있다.

• 평가방법 : 포트폴리오
• 평가 시 고려사항 : 업스타일 준비성, 응용 기법, 숙련도, 테크닉, 완성도 등 작업 능력을 능력단위요소에 의거한 실습 후 작성한 포트폴리오로 평가한다.

National Competency Standards

Creative Upstyle

2

NCS기반 크리에이티브 업스타일

National Competency Standards

Creative Upstyle

NCS

1. 헤어디자인의 개념

1) 업스타일(up style)의 이해

업스타일의 사전적 의미는 '모발을 묶거나 땋아서 위로 틀어 올려 목덜미를 드러내는 형식'을 말하며 기술상의 표현으로는 '모발을 묶거나 땋아서 두상 위에 스타일을 연출'하는 것을 말한다. 일반적으로 업스타일이라 하면 높게 올린 올림머리만 생각할 수 있으나 쪽진 머리나 '시뇽(Chignon)' 스타일 같이 목덜미 아래로 내려오는 스타일도 업스타일로 볼 수 있다.
업스타일은 우아함과 여성스러움, 입체적인 아름다움을 두상의 곡면 위에 자유롭게 표현할 수 있는 매력적인 헤어스타일의 한 분야이다.

2) 업스타일 디자인

(1) 업스타일 디자인은 로맨스, 엘레강스, 여성스러움, 우아함 등을 표현한다.

(2) 다른 모든 예술 활동(조각가, 건축가, 꽃꽂이 등)과 같이 디자인 구성요소를 고려하여 디자인을 구상하고 창작한다.

(3) 완성된 디자인을 시각적으로 영상화시킬 수 있고 그 디자인을 수행해 낼 능력을 갖추어야 한다.

3) 고객 정보

업스타일을 디자인하기 전에 고객에 대한 내·외부적인 정보를 파악한 후 디자인과 시술 방법을 설계하고 시술한다면 스타일의 완성도가 높아질 수 있다.

(1) 외부 정보

① 이 스타일을 왜 하는가? (결혼식, 파티, 면접, 발표회, 모임 등)
② 조연인지? 주연인지?
③ 의상 : 한복, 드레스, 양장 등
④ 장소 : 실내(호텔, 교회, 집 등), 실외(정원, 야외)
⑤ 유행 스타일
⑥ 날씨, 주야, 계절 등

(2) 내부 정보

① 모발의 조건 : 길이, 탄력, 모량, 커트, 웨이브 등
② 체형, 얼굴형(전면과 측면), 목선 상태 등
③ 연령, 이미지, 개인의 스타일과 취향 등

예시 1) 고객 정보 분석

능력단위명	크리에이티브 업스타일	교과목명	크리에이티브 업스타일
작성 일시	20 년 월 일	담 당 교 수	
학 번		학 생 명	
학습 목표	• 고객의 내 · 외부 정보를 구분하여 설명할 수 있다. • 모발 상태와 시술 목적에 맞게 스타일을 결정할 수 있다.		

내부 정보 분석

고 객 성 명	홍길동	생년월일	880801	직업	사무직
모발 상태	모발의 길이	20cm	모발 색상		블랙(검정)
	웨이브(유 · 무)	스트레이트	얼굴형		둥근편
	모량(多 · 少)	적음	체형		마른형
	앞머리(유 · 무)	있음	이미지		차분함
	모발의 굵기	굵음(곱슬머리)	개인의 취향		다운스타일
기타 특이사항	• 안경을 쓰고 있음 • 앞머리 프론트 사이드 포인트에 모발이 적음 • 모발 중간에 질감 처리가 많이 되어 있음				

외부 정보 분석 : 때(Time), 장소(Place), 상황(Occasion)

업스타일을 왜 하는가?	본인 결혼식
본인의 역할(주연, 조연)	주연
시간	0000 년 00 월 00 일 00 시 00 분
장소	호텔 예식장
의상	드레스(백색)
기타사항	• 결혼식 후 폐백으로 한복 착용 • 사전 시술 대상자

예시 1) 고객 업스타일 차트

능력단위명	크리에이티브 업스타일	교과목명	크리에이티브 업스타일
작성 일시	20 년 월 일	담 당 교 수	
학 번		학 생 명	
학습 목표			

학습 목표	• 고객의 내 · 외부 정보를 구분하여 설명할 수 있다. • 모발 상태와 시술 목적에 맞게 스타일을 결정할 수 있다. • 디자인에 따라 헤어스타일 제품을 사용하여 업스타일을 마무리할 수 있다.

내부 정보 분석

고 객 성 명	홍길동	생년월일	880801	직업	사무직
모발 상태	모발의 길이	20cm	모발 색상		블랙(검정)
	웨이브(유 · 무)	스트레이트	얼굴형		둥근편
	모량(多 · 少)	적음	체형		마른형
	앞머리(유 · 무)	있음	이미지		차분함
	모발의 굵기	굵음(곱슬머리)	개인의 취향		다운스타일

기타 특이사항	• 안경을 쓰고 있음 • 앞머리 프론트 사이드 포인트에 모발이 적음 • 모발 중간에 질감 처리가 많이 되어 있음

외부 정보 분석 : 때(Time), 장소(Place), 상황(Occasion)

업스타일을 왜 하는가?	본인 결혼식
본인의 역할(주연, 조연)	주연
시간	0000 년 00 월 00 일 00 시 00 분
장소	호텔 예식장
의상	드레스(백색)
기타사항	결혼식 후 폐백으로 한복 착용

	디자인 계획서	예상 디자인(사진)
업스타일 디자인	1. 스타일 : 다운스타일 2. 기법 : 꼬기, 롤 3. 법칙 : 대칭 4. 형태 : 둥근형 5. 시술 전 작업 : 전기롤 세팅 6. 준비물 : 가운, 어깨보, 업스타일 도구 　　　일체, 드라이어 등	

4) 디자인 구성 3요소

(1) 형태(Form)

업스타일에서 형태란 윤곽선이나 실루엣의 형체를 가리키며, 형태는 모양, 크기, 방향으로 이루어져 있다. 이 구성 요소들은 업스타일 디자인 연출 시 대상자와 중요한 상관관계를 가지고 있으므로 형태의 분석이 이루어져야 한다. 헤어디자인에서 일반적인 형태는 구형, 편구형, 장구형 세 가지로 구분된다.

① 모양과 크기(Shape & Size)

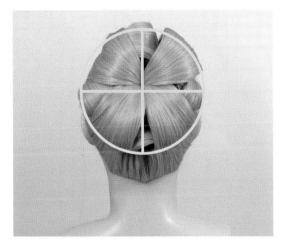 

원(Circle) – 구형
위치에 따라서 길이, 넓이, 높이가 균등한 비율의 둥근 원형이다.

오블레이트(Oblate) – 편구형
옆으로 넓이가 확장된 타원형이다.

프롤레이트(Prolate) – 장구형
세로 길이가 위, 또는 아래로 확장된 타원형이다.

② **방향(Direction)**
　천체축의 방향

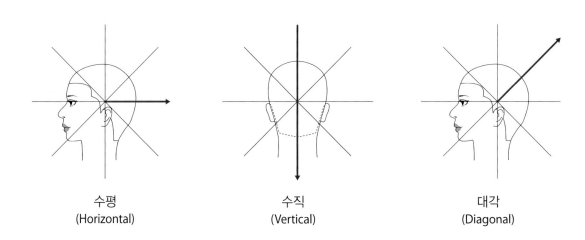

수평	수직	대각
(Horizontal)	(Vertical)	(Diagonal)

③ **위치(Position)**
　모양이나 크기, 방향은 상호 조화에 영향을 미치며 각각의 얼굴형에 맞추는 수단으로 유용하게 사용될 수 있다. 또한 포인트의 위치 이동에 따라 다양한 이미지 변화를 창출할 수 있다.

(2) 질감(Texture)

업스타일에 있어서 질감이란 어떤 표면의 모습이나 매끈한 정도의 '느낌'을 말한다. 질감의 요소로서 머릿결이 매끄러운지, 거친지 또는 머릿결의 방향이 직선적인지, 곡선적인지, 가벼운지, 무게감이 있는지 등의 표현을 전체에 사용하기도 하고 부분적으로 사용하기도 하면서 모발의 다양한 이미지 변화를 볼 수 있다.

① 언 엑티베이티드(Un Activated) – 매끈한(Smooth) 질감

고리(Loop)

말기(Roll)

겹치기(Overlap)

② 엑티베이티드(Activated) – 겉 표면이 패턴화(Patterned)된 거친 질감

꼬기(Twist)

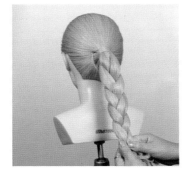
땋기(Braid)

매듭(Knot)

③ 혼합형(Combination) : 거친 패턴과 매끄러운 모양이 섞여서 업스타일된 상태

언 엑티베이티드 + 엑티베이티드

(3) 컬러(Color)

컬러는 어떤 디자인에 깊이 차원과 빛의 반사를 더해주는 요소이다. 업스타일 조형 예술에 있어서도 색상의 밝고 어두움 정도에 따라 깊이, 면적 그리고 질감의 착시현상을 일으키는 디자인 요소 중 하나이다. 어두운 머리 색상은 더 깊이가 있으며 더 밝은 색상은 형태 내의 각각의 모양에 시선을 이끈다.

① **어두운 색 對 밝은 색** (Dark vs Light)
어두운 색은 더 깊이가 있으며, 전반적인 외곽 형태의 주위를 집중시키고 밝은 색은 형태 내의 모양이나 질감이 세밀하게 보인다.

어두운 색   밝은 색

② **색상 혼합**

　질감의 착시효과 및 크기에 영향을 미치는 미묘한 색상의 변화는 웨이브의 방향을 강조하거나 모양을 분리시키기도 한다.

5) 디자인 법칙

(1) 균형(Balance)

　균형이란 디자인의 시각적, 혹은 실제 무게감을 말하는데 시각적인 균형은 모양, 명도, 질감, 색채의 균형으로 구분하고, 모양의 균형은 대칭과 비대칭의 두 가지 형태로 구별된다.

① **대칭(Symmetry) :** 양쪽에 서로의 크기와 모양이 똑같이 위치, 실제 무게감도 똑같이 분배된다.

② **비대칭(Asymmetry) :** 양쪽에 서로의 크기와 모양이 고르지 않게 위치, 무게감도 다르다.

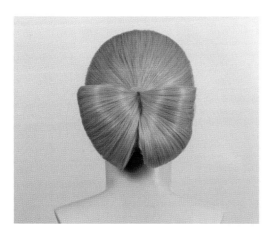

대칭　　　　　　　　　　　　　　　비대칭

(2) 강조(Dominance)

강조는 특정 부분을 두드러지게 표현하는 것을 말하는데, 업스타일 디자인에 있어서의 강조는 디자인의 초점이나 주된 흥미에 관련되어 형태나 질감, 색상을 통해 만들어진다.

크기 & 컬러 강조

(3) 반복(Repetition)

반복은 동일한 요소나 대상 등을 반복적으로 배열시켜 시선 이동을 유도하여 동적인 느낌을 줌으로써 율동감을 느끼게 하는 것이다.

(4) 진행(Progression)

진행은 반복의 경우보다 동적인 표정을 갖고 있으며, 디자인 요소가 비율적인 단계로 연속해서 펼쳐지는 형태이다.

(5) 대조(Contrast)

대조는 서로 반대되는 특성의 단위들 즉, 두 가지 색상, 크기, 짜임새 등이 서로 대조될 때 주위의 관심과 흥미있는 긴장감을 형성할 수 있다.

6) 업스타일의 기본 디자인 기법

업스타일의 디자인에 쉽게 다가가기 위해서는 디자인 법칙에 사용되는 기본 기법들을 인식할 줄 알아야 한다.

업스타일에 이용되는 기본 디자인 기법은 땋기, 꼬기, 매듭, 겹치기, 고리 만들기, 말기 등이 있다. 이 기법들을 디자인 법칙에 따라 구성 요소들과 적절히 배합하면 업스타일의 예술 작품으로서 최상의 아름다운 조화미를 얻을 수 있을 것이다.

(1) 꼬기(Twist)

꼬기는 머리 가닥을 한 쪽 방향으로 계속 돌려서 밧줄 같은 모양을 나타내는 기법이다. 꼬기의 강도를 조절하면 다양한 형태를 만들 수 있는데, 이때 강한 텐션을 주기 위해서는 모근 쪽에서부터 꼬아야 한다.

(2) 매듭(Knot)

매듭은 하나, 또는 두 개의 가닥으로 사슬처럼 묶어주는 기법을 말한다.

한 가닥 매듭(Single-Strand Knot)   두 가닥 매듭(2-Strand Knot)

(3) 땋기(Braid)

땋기는 모발의 가닥을 교차하거나 엮는 것으로 디자인을 연출하는 기법이다. 땋기에는 가닥수로 구분하는 홀수 땋기, 짝수 땋기와 방향으로 구분하는 위로 땋기, 아래로 땋기가 있다.

아래로 땋기

위로 땋기

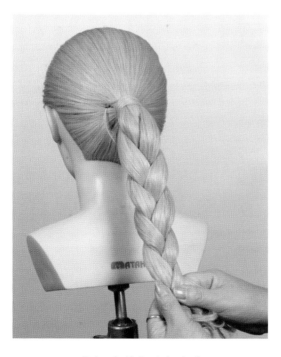

홀수 땋기(세 가닥 땋기)

짝수 땋기(네 가닥 땋기)

(4) 겹치기(Overlap)

겹치기는 두 개의 가닥을 서로 반대쪽 가닥 위로 교차해서 겹쳐지는 효과를 얻는 기법으로 위로 겹치기와 아래로 겹치기가 있다. 겹치기는 매끈한 빗질이 우선되어야 하고 패널의 텐션 유지를 위해 두피 면에 대한 시술각을 인식하고 있어야 한다.

① 두 가닥 위로 겹치기(Two-Strand Overview Up)

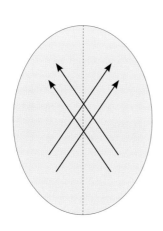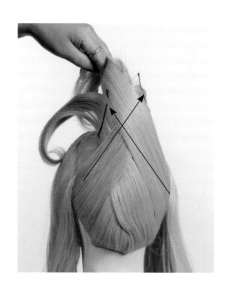

② 두 가닥 아래로 겹치기(Two-Strand Overview Down)

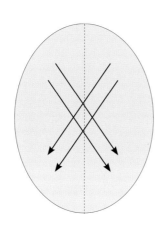

③ 크기(Size)

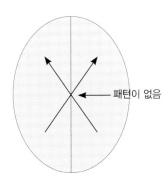
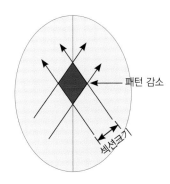
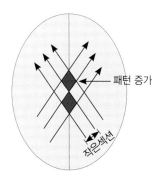

큰 섹션은 겹쳐져   중간 크기 섹션 십자형   작은 섹션 십자형
덮이는 효과   패턴은 감소   패턴은 증가

(5) 고리(Loop)

고리(Loop)는 머리 가닥을 조가비 모양으로 접거나 구부리거나 동그랗게 하여 곡선 모양으로 두상의 어느 한 위치에 고정시키는 기법이다. 고리에는 외고리, 한겹고리, 겹고리, 납작고리가 있어 다양하게 연출할 수 있다.

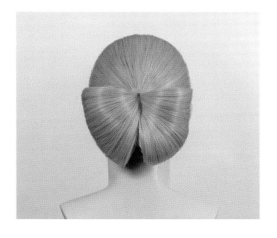

한겹고리, 외고리(Single Loops)

겹고리(Double Loops)

(6) 말기(Roll)

롤(Roll)은 머리 가닥 자체 내에서 볼륨감 있게 싸여지고 감겨지는 것을 말한다. 업스타일 디자인에서 롤의 대표적인 스타일은 소라형 업스타일이다. 롤은 수직롤, 수평롤, 윤곽롤(외곽 말기)이 있다.

외곽 말기(Contour roll)   수직 말기(Vertical roll)

2. 도구와 제품 사용방법

1) 도구의 종류

(1) 핀의 특징과 종류

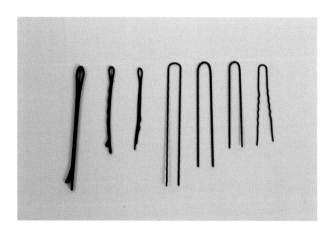

① **대핀**

핀 중에서 가장 고정력이 뛰어나며, 많은 양의 모발을 고정할 때 사용한다. 만약 모발의 양이 너무 많거나 적게 되면 고정력이 떨어질 수 있다.

② **실핀**

면을 고정할 때 사용하는 핀으로서, 업스타일에 가장 많이 사용하는 핀 중 하나이다.

③ **스몰핀**

스몰핀은 고정력이 약하며 크기가 작고 길이가 짧은 핀으로 적은 양의 모발과 힘이 부족한 모발을 고정해주는 역할을 한다.

④ **보비핀**

디자인을 연출할 때 고정하는 핀이며, 실핀에 비해 고정력이 적은 편이다.

⑤ **U자핀 대(네지핀)**

많은 양의 모발을 숨기고 싶거나 모발을 묶어 고정시킬 때 또는 잠시 고정시킬 때 주로 쓰이는 핀이다.

⑥ **U자핀 중**

적은 모발에 사용하며, 긴 머리와 짧은 머리에 모두 사용 가능하다. 주로 컬, 뱅, 로프의 고정에 사용하며, U자핀 대보다는 크기가 작다.

⑦ U자핀 소(오니핀)

컬을 고정할 때 주로 사용한다. 핀 자체를 사용해도 괜찮지만, 갈고리 형태로 끝을 휘게 만들어 마무리할 때 머리카락이 빠지지 않게 할 수 있다.

⑧ 싱글핀, 더블핀

표면을 고정할 때 쓰는 핀이며, 잠시 형태를 고정시키는 핀이다. 고정시키는 곳에 자국이 생길 수 있으니 주의해야 한다.

(2) 빗의 종류

① 꼬리빗

꼬리빗은 견고함이 있는 빗이다. 그렇기 때문에 섹션이나 파팅을 나눌 때, 정확한 뿌리까지 빗어줘야 한다. 또한 잘 휘어지는 특성으로 인해 정확한 백콤을 넣지 못할 수도 있다.

② 정리용 빗

정리용 빗은 보통 표면을 정리하고 다듬을 때 사용하는 빗으로, 표면의 윤곽을 더욱 효과적으로 표현할 수 있다.

③ 브러싱 빗

브러싱 빗은 말 그대로 브러싱할 때 사용하는 빗이다. 표면을 깨끗하게 빗질할 수 있다.

④ 쿠션 빗

쿠션 빗은 동그랗게 쿠션 부분이 있는 빗으로 브러시 빗을 사용할 때 푹신하여 두피에 자극이 적고, 올림머리나 웨이브 스타일을 하기 전에 사용하는 빗이다.

(3) 핀셋의 종류

① 핀컬핀

업스타일을 할 때 형태의 흐름을 임시로 고정시키는데 사용한다. 더블핀이나 실핀보다는 고정력이 뛰어나다. 그러나 핀 자국이 남지 않도록 주의해야 한다.

② 일판 핀셋

일반 핀셋은 가장 많이 사용하는 핀 중 하나로 블로킹할 때 사용하며, 고정력이 강하다.

(4) 헤어전문제품

업스타일 작업 중 목적에 맞게 선택하여 사용한다.

① 스프레이

스프레이는 모발을 고정시키는 역할을 한다. 너무 가까운 거리에서 분사하면 모발이 뭉치거나 갈라질 수 있으므로, 거리를 두고 적당량을 사용하도록 한다.

② 왁스

자유자재로 디자인할 수 있다는 장점이 있고 최근 자주 사용하는 제품이다. 잔머리를 다듬을 때 사용 가능하다.

③ 에센스

에센스는 트리트먼트제인데, 머리에 골고루 발라주면 된다. 모발에 윤기와 광택이 나게 하며, 모발을 한층 더 자연스럽게 만들어주는 역할을 한다.

④ 광택제

광택제는 모발에 손상이 있는 경우 사용하며 모발에 윤기가 나게 한다.

⑤ 컬러스프레이

컬러스프레이는 ①번의 스프레이와는 다르게 컬러 성분이 있는 스프레이인데, 머리에 뿌리면 개성있는 스타일을 연출할 수 있다. 검은 머리일 경우 더욱 돋보일 수 있다.

(5) 소품

① 끈/고무줄

끈/고무줄은 토대를 잡거나, 모발을 묶거나, 고정시킬 때 사용하는 제품이다.

② 헤어 싱(Hair Sing)

업스타일에서 싱은 볼륨을 내기 위한 목적으로 사용되는 도구이다. 토대, 두상의 골격과 단점을 보완하고 스타일을 입체적으로 표현하기 위해 사용한다.

싱을 선택할 때는 하고자 하는 스타일에 맞게 크기와 양을 조절해서 선택하는 것이 좋다.

③ 헤어 피스(Hair Piece)

피스는 모발의 숱이 적거나, 길이가 짧은 부분에 볼륨과 모발 길이를 연장하는데 도움을 줄 수 있다.

다양한 모양의 색상 피스를 사용하여 디자인에 포인트를 줄 수 있다.

④ 헤어 망

망은 핀으로 고정하기 어렵거나 양이 많은 모발을 감싸서 고정시키며, 스프레이 하나로 고정하기 어려울 때 도움을 줄 수 있다. 멋내기를 위해 사용하는 망은 마지막 단계에서 사용하는 것이 좋다.

3. 업스타일의 기본

1) 세트롤러 기기

업스타일 디자인 전에 연출하고자 하는 컬, 루프 등을 연출하기 위해 모발을 세팅기로 와인딩하여 웨이브를 만드는 도구이다. 특대/대/중/소로 구분되어 있다.

2) 세트롤러 사용 방법

패널의 모선이 접히지 않게 패널에 텐션을 주어서 15cm 지점부터 말아서 모선을 정리한 후 위로 말아서 올라간다.

네이프 디자인이 아래로 내려올 때

네이프 디자인이 위로 올라갈 때

벽돌쌓기 말기

기본 말기

3) 묶기(포니테일) 방법

(1) 골덴 포인트 포니테일

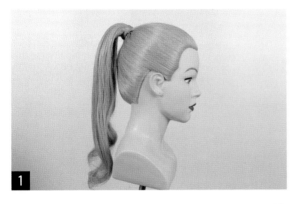

두상의 곡면을 따라 꼬리빗 위치를 바꿔가면서 빗을 사용하여 미리 작업한 부분에 재빗질을 하지 않아야 매끄럽게 베이스를 만들면서 포니테일을 할 수 있다.

센터 부분은 꼬리빗 1/2 앞쪽 부분을 살짝 눕혀서 빗질한다.

사이드는 꼬리빗 중간 부분으로 빗질을 하여 먼저 작업한 부분을 건들지 말아야 한다.

백 라인은 꼬리빗 전체를 이용하여 끌어올리면서 빗질한다.

두상에 손을 오목하게 밀착시키고 고무줄 2개를 실핀이나 U핀에 끼워서 포니테일 할 부분에 핀을 직각으로 세웠다 수평으로 고정한 후 고무줄을 당겨서 텐션을 주어 마무리한다.

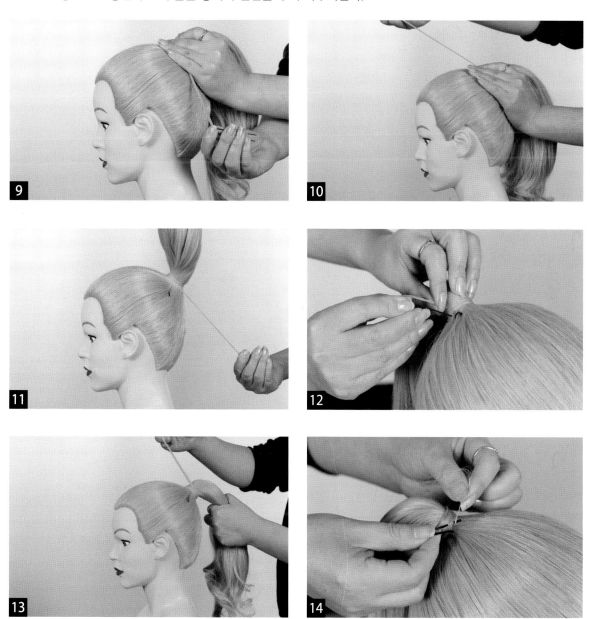

포니테일한 고무줄을 감추기 위해 모량을 조금 가지고 와서 토대의 바깥 부분에서 안쪽으로 고무줄이 보이지 않게 돌려서 감싼 후 끝자락을 이용해서 실핀에 3회 정도 감아서 포니테일 토대 부분에 고정한다.

(2) 백 포인트 포니테일

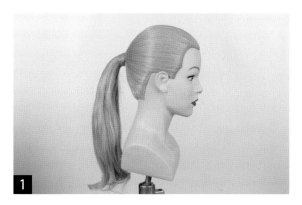

센터 부분은 꼬리빗 1/2 앞쪽 부분을 살짝 눕혀서 빗질한다.

사이드는 꼬리빗 아랫부분을 사이드 코너에 일치시켜서 꼬리빗 전체가 수평이 되게 한 후 백 포인트까지 빗질을한다.

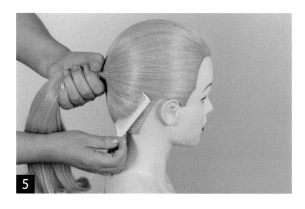

백 라인은 꼬리빗 전체를 이용하여 끌어올리면서 빗질한다.

오른쪽과 같은 방법으로 한다.

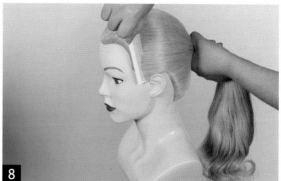

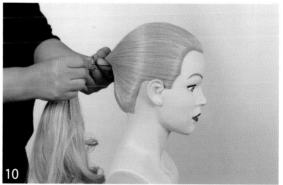

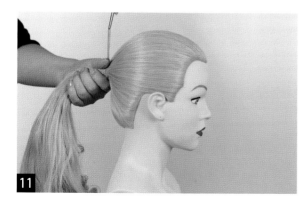

손바닥을 위로 하여 모발을 잡고, 고무줄 2개를 실핀이나 U핀에 끼워서 포니테일 할 부분에 핀을 직각으로 세웠
다 수평으로 고정한 후 고무줄을 당겨서 텐션을 주어 마무리한다.

(3) 네이프 포인트 포니테일

네이프에 포니테일을 할 때는 사이드 모발이 흘러내리지 않게 핀컬핀으로 고정 후 고무줄만 이용해서 묶는다.

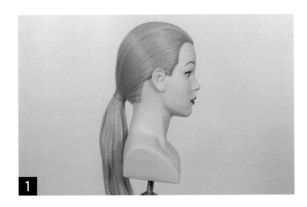

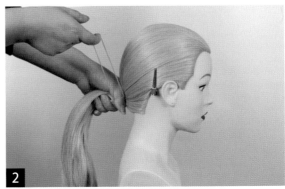

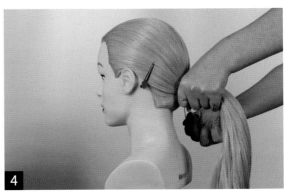

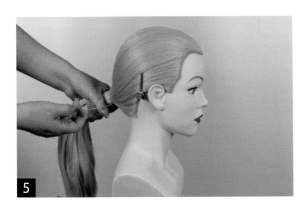

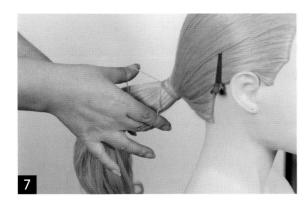

4) 백콤 방법(Back-Comb)

(1) 백콤의 원리

모발은 중력 방향으로 떨어지려고 하는 성질이 있는데, 반대로 끌어당겨 얽히게 하여 모발이 떨어지지 않도록 하는 깃이 백콤이다. 백콤은 데그닉에 따라 볼륨감, 방향성, 토대, 움직임, 핀의 고정력 강화, 면의 연결, 모발의 혼합 등 다양한 기능을 가지고 있는 만큼 업스타일에 있어서 제일 기본이 되는 중요한 작업이다.

(2) 백콤 방법

① 스트랜드의 폭은 2~3cm, 넓이는 5cm, 패널은 15cm 미만으로 잡는다.
② 패널과 빗의 각도를 15°에서 시작하여 90°가 될 때까지 빗을 둥글리면서 패널과 빗으로 텐션을 조절한다.
③ 백콤의 양과 들어갈 위치를 파악한다.

(3) 볼륨 백콤 방법

백콤을 모근에서부터 차근차근 위로 올라가면서 쌓아가는 방법으로 많은 볼륨을 얻고자 할 때 사용한다.

 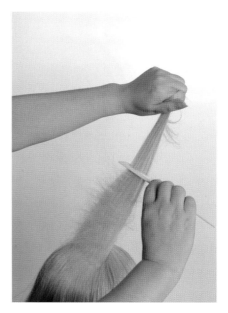

(4) 토대 백콤 방법

전체 모발 또는 파팅을 나누어서 모근쪽을 향해서 1차 백콤한 부분에 텐션을 강하게 더해주는 백콤으로 기둥을 만들 때 사용한다.

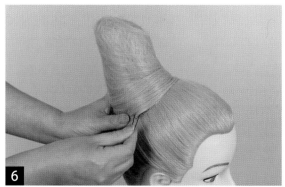

5) 핀 고정 방법

① 평면 고정법 : 패널에 양이 적은 부분을 고정하거나 볼륨을 축소시킬 때 또는 핀 토대를 만들 때 사용하는 방법으로 핀 고정 중 가장 기본적인 방법이다.

② 감추기 고정법 : 롤이나 컬의 형태를 유지시킬 때 형태의 표면에 핀이 노출되지 않도록 고정하는 방법이다. 주로 U핀을 사용한다.

③ 회전 고정법 : 머리 다발의 볼륨을 유지하고 조절하면서 핀이 노출되지 않도록 고정하는 방법이다. 머리 다발에 걸어서 두피 면에 고정될 수 있도록 한다.

(1) 실핀 고정 방법

양이 적은 부분을 고정하거나 볼륨을 축소시킬 때 또는 핀 토대를 만들 때 사용하는 방법으로 핀 고정 중 가장 기본적인 방법이다.

(2) U핀 고정 방법

롤이나 컬의 형태를 유지시킬 때 형태의 표면에 핀이 노출되지 않도록 고정하는 방법이다. 주로 U핀을 사용한다.

(3) 대핀 고정 방법

머리 다발의 볼륨을 유지하고 조절하면서 핀이 노출되지 않도록 고정하는 방법이다. 머리 다발에 걸어서 두피 면에 고정될 수 있도록 한다.

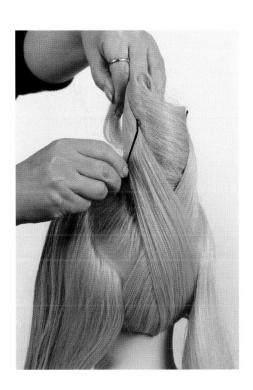

3

NCS기반 크리에이티브 업스타일

National Competency Standards

Creative Upstyle

1. 당고 스타일(땋기 응용)

학습내용	당고 스타일(땋기 응용)
수업목표	• 고객의 특성과 상황을 고려한 업스타일을 디자인할 수 있다. • 업스타일을 위한 사전작업(드라이)을 할 수 있다.

1) 섹션

오른쪽 사이드 코너 포인트(S.C.P)에서 왼쪽 이어 백 포인트(E.B.P)까지 나누어 전두부와 후두부로 2개 섹션을 한다.

2) 상위양감 업스타일하기

A. 탑(T.P)에서 오른쪽으로 1.5cm 옮긴 지점과 왼쪽 이어 포인트(E.P)에서 3cm 올라간 지점에 각각 포니테일을 한다.

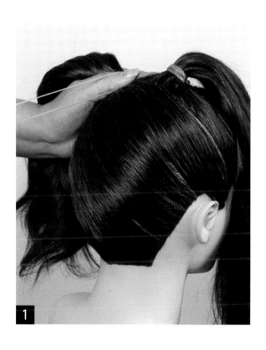

B. 세 가닥 땋기를 하여 끝자락을 묶어서 마무리한 후, 가닥을 느슨하게 빼준다.

C. 땋은 가닥을 시계 방향으로 돌려서 핀 고정 후 마무리한다.

D. 세 가닥 땋기를 하여 끝자락을 묶어서 마무리한 후, 가닥을 느슨하게 빼준다.

E. 땋은 가닥을 시계 방향으로 돌려서 오른쪽 디자인과 구도와 높이를 조절하면서 마무리한다.

3) 업스타일 마무리하기

1

2

3

2. 리본 땋기 스타일(땋기&고리 응용)

학습내용	리본 땋기 스타일(땋기&고리 응용)
수업목표	• 업스타일의 땋기&고리 응용 테크닉을 작업할 수 있다. • 고객의 특성과 상황을 고려하여 다운업스타일을 디자인할 수 있다.

1) 섹션

왼쪽 프론트 사이드 포인트(F.S.P)에서 왼쪽 네이프 사이드 포인트 (N.S.P)까지 섹셔닝하고 후두부 원형
왼쪽 F.S.P에서 N.S.P에서 1.5cm 들어간 지점에 2개의 섹셔닝을 한 후 나머지는 포니테일 한다.

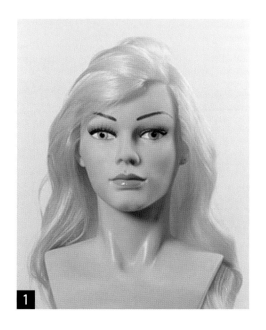

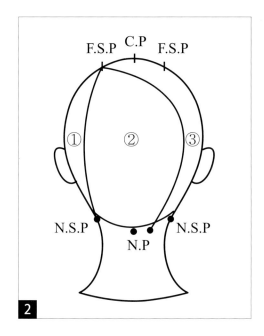

2) 하위양감 업스타일하기

A. 세 가닥 양쪽집어땋기를 베이스가 있는 부분까지 하고 나머지 패널은 세 가닥 땋기로 마무리한다.

　*세 가닥 집어땋기는 텐션을 주어서 한다.

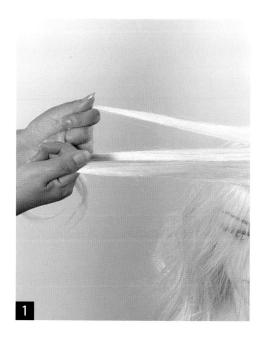

B. 왼쪽 사이드도 오른쪽과 동일한 방법으로 마무리한다.

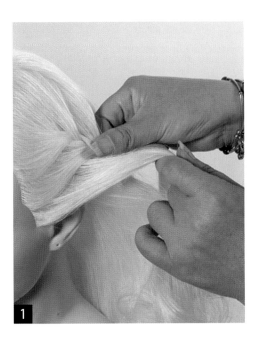

C. 처음 시작한 세 가닥 사이로 U핀을 살짝 밀어 넣은 후 오른쪽에서 리본을 만들 베이스 가닥을 한 바퀴 돌린 고리에 U핀을 넣는다.

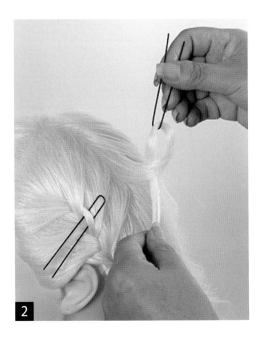

D. 왼손에 있는 U핀 속으로 오른쪽 U핀을 바늘귀 끼듯이하여 양쪽 방향으로 리본 모양이 나오게 살살 잡아 당겨서 마무리한다. 반복 작업한다.

E. 왼쪽 완성된 모습

F. 오른쪽도 왼쪽과 동일한 방법으로 리본을 만든 후 세 가닥 땋은 부분은 느슨하게 빼서 내추럴하게 하여 볼륨감을 준다.

G. 양쪽 땋은 패널은 B.N.M.P에 포니테일을 한다.

네이프 패널은 백콤을 하여 반고리로 연결하여 웨이브를 만든 후 스프레이로 고정하여 마무리한다.

3) 업스타일 마무리하기

memo

3. 반머리 스타일(웨이브&꼬기)

학습내용	반머리 스타일(웨이브&꼬기)
수업목표	• 웨이브를 위한 사전작업(마샬 웨이브)을 할 수 있다. • 볼륨의 위치에 따른 업스타일 디자인을 연출할 수 있다.

1) 섹션

왼쪽 프론트 사이드 포인트(F.S.P)에서 3cm 이동한 지점과 골덴 포인트(G.P)에서 오른쪽으로 1.5cm 이동한 지점을 연결하여 섹션을 나눈다.

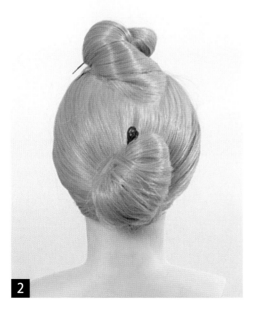

2) 업스타일하기

A. 프론트 부분에 10cm 정도 백콤을 넣어 볼륨을 주어 포니테일하여 고정한다.

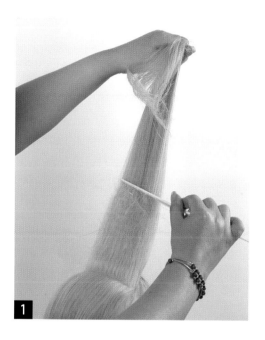

B. 사이드 첫 번째 패널은 한 가닥을 느슨하게 꼬기를 하여 포니테일 부분에 고정한다.

C. 두 번째 패널은 두 가닥 꼬기를 한 후 살짝 잡아 당겨서 내추럴하게 한다.

D. 내추럴하게 하기 위해서는 여기서 마무리해도 된다.

E. 반머리 스타일을 하기 위해서는 나머지 모발도 두 가닥 꼬기를 한 후, 중간 모발에 고정하여 마무리한다.

3) 업스타일 마무리하기

4. 다운 스타일(피스 응용)

학습내용	다운 스타일(피스 응용) 1, 2
수업목표	• 고객의 특성과 상황을 고려하여 업스타일을 디자인할 수 있다. • 웨이브를 위한 사전작업(드라이, 마샬 웨이브 등)을 할 수 있다. • 다양한 헤어 피스를 손질하고 활용할 수 있다. • 헤어 피스, 헤어 액세서리를 활용하여 볼륨을 연출할 수 있다. • 내추럴한 다운스타일로 볼륨을 연출할 수 있다.

1) 섹션

전두부와 후두부로 섹션을 한다.

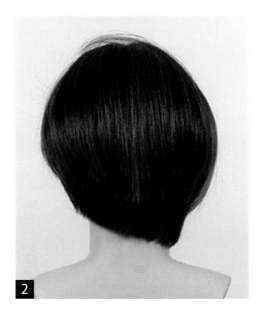

2) 업스타일하기(① 웨이브 피스)

A. 전체적으로 웨이브를 넣은 후 스프레이로 마무리한다.

B. 후두부에 백콤을 넣은 후 백 포인트(B.P)에 핀으로 고정한다.

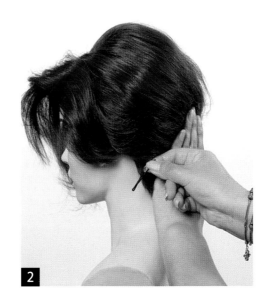

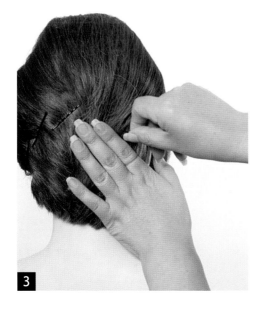

C. 웨이브 피스를 준비한다.

1

D. 웨이브 피스를 이용해서 후두부에 모양을 만들어 가면서 핀 고정을 한다.

1

2

E. 왼쪽 사이드는 5가닥으로 나누어서 판넬에 양감이 표현되도록 한다.

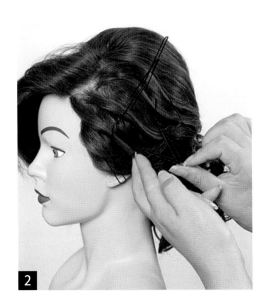

F. 프론트 부분을 세워서 스프레이로 고정한다.

G. 오른쪽 사이드는 손가락을 이용해서 세 가닥 패널에 양감을 표현하여 고정한다.

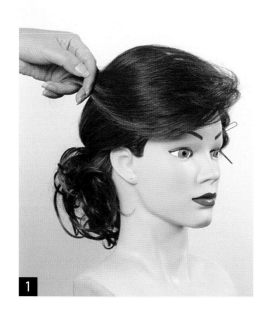

3) 업스타일 마무리하기(① 웨이브 피스)

4) 업스타일하기(② 롤 피스)

A. 후두부에 백콤을 넣은 후 백 포인트에 포니테일로 마무리한다.

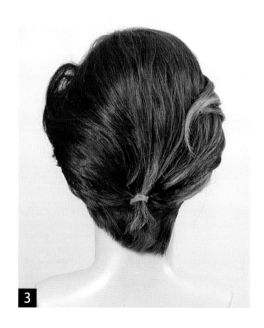

B. 롤 피스를 삼각 모양으로 준비한다.

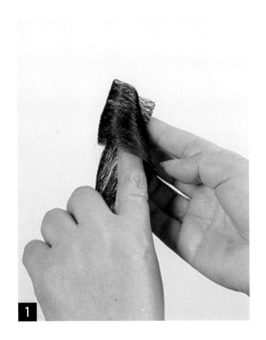

C. 피스 모양을 삼각형(고깔 모양)으로 만들면서 안정감 있는 디자인을 한다.
*핀 고정 시 피스 안쪽에서 고정하며, 피스 색상은 모발 색상에 맞춰서 하는 것이 좋다.

5) 업스타일 마무리하기(② 롤 피스)

1

2

3

5. 신부 업스타일(롤&꼬기&고리 응용)

학습내용	신부 업스타일(롤&꼬기&고리 응용)
수업목표	• 고객 정보에 따른 내 · 외부 정보를 구분하여 파악할 수 있다. • 볼륨 및 내추럴한 다운스타일을 디자인할 수 있다.

1) 섹션

이어 투 이어 라인(E.T.E)으로 전두부와 후두부로 섹션한 후 후두부는 이어 백 라인 2개로 섹션한다.
* 전두부는 2~3cm 정도의 폭으로 섹션한다.

2) 업스타일하기

A. 후두부 백 네이프 미듐 포인트(B.N.M.P)에 포니테일 하고 후두부 다발 중 탑(T.P) 부분 섹션 라인 0.5cm를 파팅하여 둔다.

B. 후두부 다발에 백콤을 넣은 후 백포인트(B.P) 지점으로 매끈하게 빗질하여 모아서 꼬리빗을 대고 패널을 돌려서 소라 형태로 고정한다.

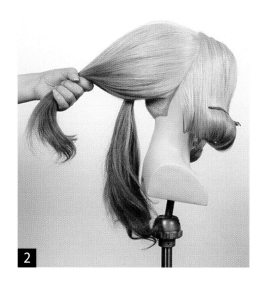

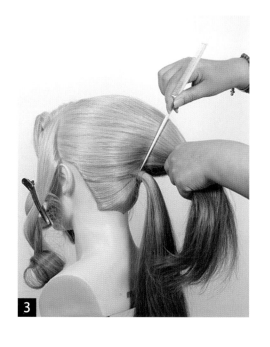

C. 후두부 네이프 패널은 백콤을 하여 한겹고리로 말아서 고정한다.

D. 왼쪽 사이드는 3개의 패널로 나누어서 한 가닥 꼬기를 한 후 느슨하게 빼서 백 포인트 부분에 고정하고, 나머지 가닥은 네이프 한겹고리 위에 겹고리를 하여 고정한다.

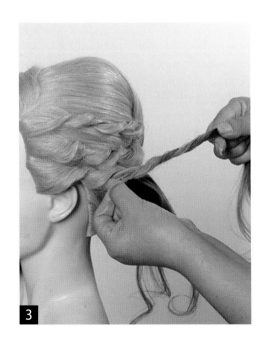

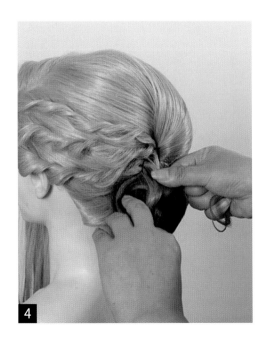

E. 오른쪽도 왼쪽과 같은 시술 방법으로 마무리한다.

F. 전두부 2cm 부분에 백콤을 넣는다. 전두부는 6~7개의 패널로 나누어 한 가닥 꼬기를 한 후 중간중간 잡아 빼서 볼륨감 있게 연결한다.

G. 꼬기를 하고 남은 패널은 납작고리로 마무리한다.

3) 업스타일 마무리하기

6. 망 웨이브 스타일(망 응용)

학습내용	망 웨이브 스타일(망 응용)
수업목표	• 고객의 특성과 상황을 고려하여 볼륨스타일을 디자인할 수 있다. • 헤어 망, 헤어 액세서리를 활용하여 볼륨을 연출할 수 있다.

1) 섹션

프린지 부분은 센터 포인트(C.P) 지점을 기준으로 좌, 우로 3cm로 한다. 오른쪽 이어 포인트(E.P) 1cm 뒤로 간 지점에서 골덴 백 미듐 포인트(G.B.M.P)를 지나 왼쪽 같은 지점과 연결하여 섹션한다.

2) 업스타일하기

A. 볼륨을 주기 위한 백콤을 한 후 골덴 포인트(G.P)를 기준으로 꼬리빗 끝부분을 이용하여 롤(소라)을 만들어 핀으로 고정해준다.

B. 백 네이프 미듐 포인트(B.N.M.P)에 포니테일 한 후 풍성한 백콤을 넣는다.

C. 백콤한 부분을 균등하게 잘 펴서 망 속에 넣어 고정한다.

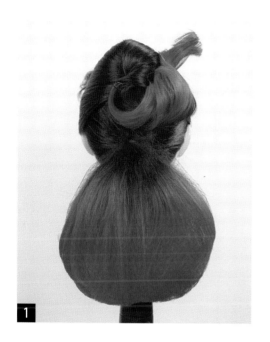

D. 양쪽이 대칭이 되도록 하여 망 속의 패널을 웨이브를 만들면서 핀 고정은 U핀을 사용하여 패널 안쪽에서 시침질하듯이 베이스와 패널을 고정한다. * 역삼각형 모양으로 완성한다.

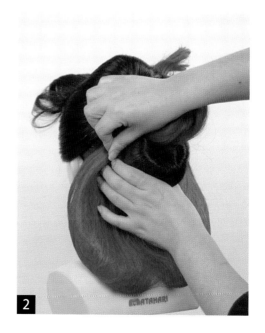

E. 오른쪽도 왼쪽과 동일한 방법으로 웨이브가 대칭이 되도록 만들어 고정한다.

F. 롤(소라)을 만들고 남은 끝자락을 이용하여 3단 납작고리(평면고리)를 만들어 네이프 부분과 연결한다.

    * 핀 고정은 고리 뒤쪽에 두 판넬을 같이 고정한다.

G. 프린지 부분에 볼륨을 주고 판넬 끝부분을 잡고 프론트 사이드 포인트 부분에 모발을 앞으로 당겨서 이마가
살짝 덮힐 정도로 하여 웨이브를 자연스럽게 연결하여 마무리한다.

memo

7. 양소라 스타일(싱 응용)

학습내용	양소라 스타일(싱 응용)
수업목표	• 업스타일을 위한 사전작업(헤어 세트, 드라이, 마샬 웨이브 등)을 할 수 있다. • 다양한 기법을 활용하여 업스타일의 볼륨을 연출할 수 있다. • 헤어 싱, 헤어 액세서리를 활용하여 볼륨을 연출힐 수 있다.

1) 섹션

전두부는 왼쪽 프론트 사이드 포인트(F.S.P)에서 사이드 포인트(S.P)까지 연결한다. 후두부는 이어 투 이어 라인으로 두 개의 섹션으로 나눈다.

2) 업스타일하기

A. 후두부 패널은 골덴 포인트에 포니테일을 한다. 포니테일한 판넬은 백콤 후 광택제로 정리해둔다.

B. 백콤한 판넬 끝부분에 싱을 넣고 말아서 둥글게 하여 고정하여 마무리한다.

C. 네이프는 두 개의 파팅으로 나누어서 양소라로 골덴 포인트(G.P)에 고정한다.

D. 골덴 포인트 고정 후 남은 판넬은 세 가닥으로 나누어 고리로 마무리한다.

E. 프론트는 웨이브가 자연스럽게 흐르도록 연결한다.

memo

8. 액세서리 만들기(롤 피스 응용)

학습내용	액세서리 만들기(롤 피스 응용)
수업목표	• 롤 피스로 액세서리를 제작 및 활용할 수 있다. • 헤어 액세서리와 피스, 소품을 손질하여 보관할 수 있다.

1) 액세서리 준비하기

롤 피스, 가위, 실핀, 고무줄, 가는 철사, 구슬, 꽃술 등을 준비한다.

2) 액세서리 만들기

A. 롤 피스를 다양하게 크기별로 자른다.

B. 구슬이 U핀 중앙에 놓이게 끼운 후 오므려서 구슬이 빠져나가지 않게 해둔다.

  * 꽃술 재료는 다양하게 사용할 수 있다.

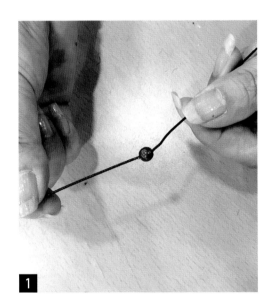

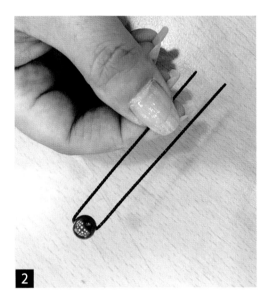

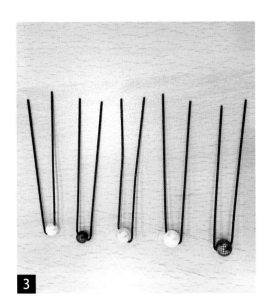

C. 자른 롤 피스는 세로 결을 반으로 접은 후 구슬을 끼운 U핀을 피스 중앙으로 끼워 피스 뒤에서 U핀을 돌려서 고정한다. * U핀, 철사, 고무줄 모두 사용 가능하다.

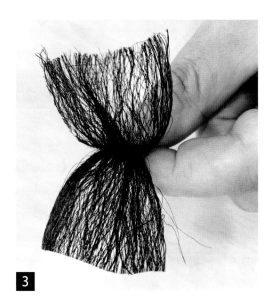

D. 피스 끝부분을 꽃잎 모양이 되도록 잘라준다.

E. 4개의 꽃잎 모양을 만들 때는 피스를 십자로 잘라서 모양을 만든 후 꽃잎이 서로 겹치지 않게 잘 펴준다.

3) 액세서리 마무리하기

memo

9. 작품 액세서리 만들기(귀걸이, 장신구)

학습내용	작품 액세서리 만들기(귀걸이, 장신구)
수업목표	• 헤어 액세서리 제작 및 활용을 할 수 있다. • 헤어 액세서리와 피스, 소품을 손질하여 보관할 수 있다.

1) 액세서리 준비하기

큐빅, 꽃술, 스톤픽커 펜슬 또는 핀셋, 큐빅 접착제, 가는 철사, 펜치, 글루건, 가위, 신문지, 작은 음료수 병 등을 준비한다.

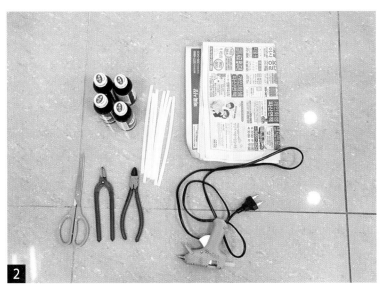

2) 액세서리 만들기

A. 부직포를 꽃잎 크기별 직사각형으로 준비해 놓은 후, 사면을 1 : 2 비율로 잘라서 꽃잎 모양을 만든다.

　*꽃잎 위 2 : 꽃잎 아래 1

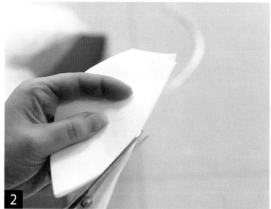

B. 부직포에 스프레이 접착제를 뿌리고 그 위에 오팔가루(반짝이)가 골고루 붙을 수 있게 한다.

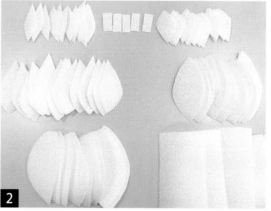

C. 꽃술을 만들고 꽃술 위에 실리콘으로 큐빅을 붙인다.

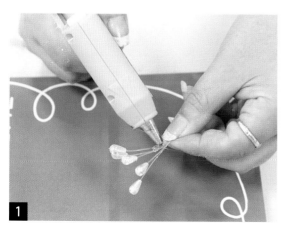
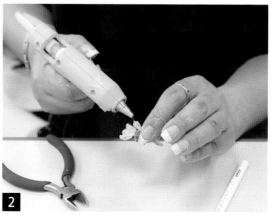

D. 긴 줄기를 만들기 위해서 다양한 길이로 철사를 자른다. 꽃잎 뒷면에 철사를 실리콘으로 고정 후,
꽃잎에 큐빅을 접착제로 붙인다.

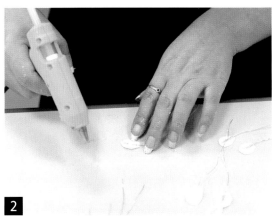

E. 꽃잎에 큐빅을 큐빅접착제로 붙인다. 철사에 큐빅 크기에 따라 서로 엇갈리게 실리콘으로 붙인다.

F. 음료수 병 뚜껑에 실리콘을 바르고 그 위에 꽃잎 끝을 조금 접어서 돌려가며 꽃 모양이 되도록 붙인다.
나머지 줄기들은 실리콘이 굳기 전에 빠르게 작업을 하여 고정한다.

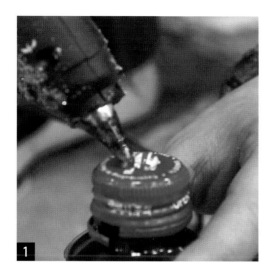

G. 실리콘이 굳으면 병에서 분리하여 액세서리 뒷면에 고정 핀을 만든다.

*뒤꽂이 장식은 U핀을, 귀걸이는 구슬핀을 사용하여 마무리한다.

3) 액세서리 마무리하기

memo

10. 작품 의상 만들기

학습내용	작품 의상 만들기
수업목표	• 헤어작품 의상을 제작 및 활용할 수 있다. • 헤어작품 의상을 손질하여 보관할 수 있다.

1) 의상 제작 준비하기

부직포, 비단 천, 레이스 천, 레이스, 깃털, 큐빅, 꽃술, 스톤픽커 펜슬 또는 핀셋, 큐빅 접착제, 반짝이(오팔가루), 가는 철사, 펜치, 글루건, 가위, 신문지, 작은 음료수 병 등을 준비한다.

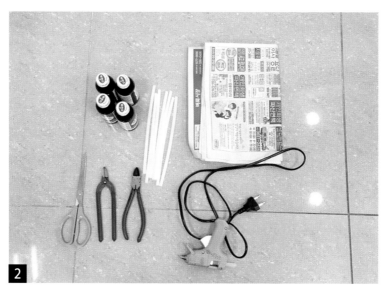

2) 의상 제작하기

A. 부직포에 의상 본을 그리고 모양대로 자른다.

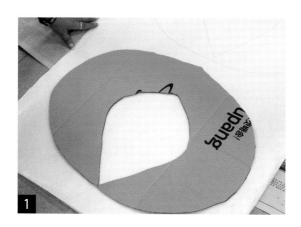

B. 밑그림이 그려진 부직포는 두 개를 만들어 매끄러운 면에 스프레이를 뿌리고 거친 면이 위로 올라오게 붙인다. 붙인 부직포에 강력 스프레이를 뿌린 후 가운데부터 비단 천에 붙여야 매끈하게 된다.

C. 부직포보다 3cm 여유를 두고 비단 천을 자른 후, 중간중간 자른 뒤 강력 스프레이를 뿌려 부직포 모양에 맞게 잘 붙인다. * 이때 망사도 같은 방법으로 붙인다.

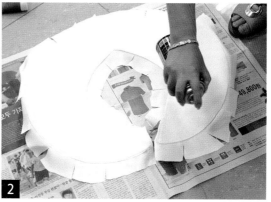

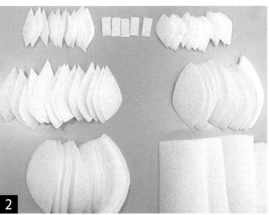

D. 어깨 장식을 하기 위한 꽃잎은 여러 가지 크기로 잘라 오팔 가루(반짝이)를 골고루 묻힌다.

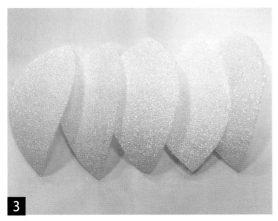

E. 큰 꽃잎과 레이스 뒷면에 철사를 붙인다.

F. 꽃잎과 레이스 위에 큐빅을 크기에 따라 붙인다. *큐빅을 붙일 때는 스톤 픽커 펜슬이나 핀셋을 사용한다.

G. 목선에 들어갈 레이스로 목선 모양으로 형태를 잡아본다.

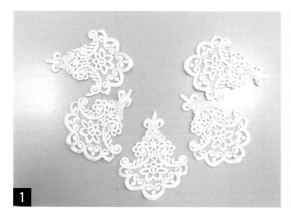

H. 꽃잎과 목선 레이스를 완성해 둔다.

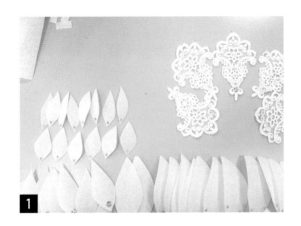

I. 부직포는 위그 목선에 올려놓고, 레이스를 목선에 따라 붙인다.

J. 어깨선을 따라 꽃잎의 크기를 작은 것부터 시작해서 어깨선 위에 제일 큰 것을 붙이고
어깨 넘어가는 선부터 점차로 작은 것을 붙인다. 디자인에 따라 깃털을 붙일 수 있다.

3) 의상 제작 마무리하기

부록

NCS기반 크리에이티브 업스타일

National Competency Standards

Creative Upstyle

NCS

NCS기반 크리에이티브 업스타일

능력 단위명	헤어스타일 연출
교 과 목 명	크리에이티브 업스타일
학 교 명	
학과(전공)	
이 름	
학 번	
지도 교수	
제 출 일	
점 수	

MEMO

MEMO

능력단위명	헤어스타일 연출	교과목명	크리에이티브 업스타일
작성일시	20 년 월 일	담당교수	
학번		학생명	
학습목표			

능력단위명	헤어스타일 연출	교과목명	크리에이티브 업스타일
작성일시	20 년 월 일	담당교수	
학번		학생명	
학습목표			

능력단위명	헤어스타일 연출	교과목명	크리에이티브 업스타일
작성일시	20　년　월　일	담당교수	
학번		학생명	
학습목표			

디자인 요소에 따른 업스타일 분석
업스타일 형태 분석

능력단위명	헤어스타일 연출	교과목명	크리에이티브 업스타일
작성일시	20 년 월 일	담당교수	
학번		학생명	
학습목표			
작품 선정			
디자인 요소			
분석 결과			

디자인 요소에 따른 업스타일 분석
업스타일 형태 분석

능력단위명	헤어스타일 연출	교과목명	크리에이티브 업스타일
작성일시	20 년 월 일	담당교수	
학번		학생명	
학습목표			
작품 선정			
디자인 요소			
분석 결과			

업스타일 컬러 분석

능력단위명	헤어스타일연출	교과목명	크리에이티브 업스타일
작성일시	20 년 월 일	담당교수	
학번		학생명	
학습목표			
작품 선정			
디자인 요소			
분석 결과			

고객 정보 분석

능력단위명	헤어스타일 연출	교과목명	크리에이티브 업스타일
작성 일시	20　년　월　일	담 당 교 수	
학 번		학 생 명	
학습 목표			

내부 정보 분석

고 객 성 명		생년월일		직업	
모발 상태	모발의 길이		모발 색상		
	웨이브(유 · 무)		얼굴형		
	모량(多 · 少)		체형		
	앞머리(유 · 무)		이미지		
	모발의 굵기		개인의 취향		
기타 특이사항					

외부 정보 분석 : 때(Time), 장소(Place), 상황(Occasion)

업스타일을 왜 하는가?	
본인의 역할(주연, 조연)	
시간	년　월　일　시　분
장소	
의상	
기타사항	

고객 정보 분석

능력단위명	헤어스타일 연출	교과목명	크리에이티브 업스타일
작성 일시	20 년 월 일	담 당 교 수	
학 번		학 생 명	
학습 목표			

내부 정보 분석

고 객 성 명		생년월일		직업	

	모발의 길이		모발 색상	
	웨이브(유 · 무)		얼굴형	
모발 상태	모량(多 · 少)		체형	
	앞머리(유 · 무)		이미지	
	모발의 굵기		개인의 취향	

기타 특이사항	

외부 정보 분석 : 때(Time), 장소(Place), 상황(Occasion)

업스타일을 왜 하는가?	
본인의 역할(주연, 조연)	
시간	년 월 일 시 분
장소	
의상	
기타사항	

고객 정보 분석

능력단위명	헤어스타일 연출	교과목명	크리에이티브 업스타일
작성 일시	20 년 월 일	담 당 교 수	
학 번		학 생 명	
학습 목표			

내부 정보 분석

고 객 성 명		생년월일		직업	
모발 상태	모발의 길이		모발 색상		
	웨이브(유 · 무)		얼굴형		
	모량(多 · 少)		체형		
	앞머리(유 · 무)		이미지		
	모발의 굵기		개인의 취향		
기타 특이사항					

외부 정보 분석 : 때(Time), 장소(Place), 상황(Occasion)

업스타일을 왜 하는가?	
본인의 역할(주연, 조연)	
시간	년 월 일 시 분
장소	
의상	
기타사항	

고객 업스타일 차트

능력단위명	헤어스타일 연출	교과목명	크리에이티브 업스타일
작성 일시	20 년 월 일	담 당 교 수	
학 번		학 생 명	

학습 목표	

내부 정보 분석

고 객 성 명		생년월일		직업	

	모발의 길이		모발 색상	
	웨이브(유 · 무)		얼굴형	
모발 상태	모량(多 · 少)		체형	
	앞머리(유 · 무)		이미지	
	모발의 굵기		개인의 취향	

기타 특이사항	

외부 정보 분석 : 때(Time), 장소(Place), 상황(Occasion)

업스타일을 왜 하는가?	
본인의 역할(주연, 조연)	
시간	
장소	
의상	
기타사항	

	디자인 계획서	예상 디자인(사진)
업스타일 디자인		

고객 업스타일 차트

능력단위명	헤어스타일 연출	교과목명	크리에이티브 업스타일
작성 일시	20 년 월 일	담 당 교 수	
학 번		학 생 명	
학습 목표			

내부 정보 분석

고 객 성 명		생년월일		직업	
모발 상태	모발의 길이		모발 색상		
	웨이브(유 · 무)		얼굴형		
	모량(多 · 少)		체형		
	앞머리(유 · 무)		이미지		
	모발의 굵기		개인의 취향		
기타 특이사항					

외부 정보 분석 : 때(Time), 장소(Place), 상황(Occasion)

업스타일을 왜 하는가?	
본인의 역할(주연, 조연)	
시간	
장소	
의상	
기타사항	

업스타일 디자인	디자인 계획서	예상 디자인(사진)

고객 업스타일 차트

능력단위명	헤어스타일 연출	교과목명	크리에이티브 업스타일
작성 일시	20 년 월 일	담당교수	
학 번		학생명	

학습 목표	

내부 정보 분석

고객 성명		생년월일		직업	

모발 상태	모발의 길이		모발 색상	
	웨이브(유 · 무)		얼굴형	
	모량(多 · 少)		체형	
	앞머리(유 · 무)		이미지	
	모발의 굵기		개인의 취향	

기타 특이사항	

외부 정보 분석 : 때(Time), 장소(Place), 상황(Occasion)

업스타일을 왜 하는가?	
본인의 역할(주연, 조연)	
시간	
장소	
의상	
기타사항	

업스타일 디자인	디자인 계획서	예상 디자인(사진)

실습 일지

능력단위명	헤어스타일 연출	교과목명	크리에이티브 업스타일
작성 일시	20 년 월 일	담당 교수	
학 번		학 생 명	

학습 목표	

준비하기	분석하기

진행하기	진행 순서
1. 섹션(블로킹) 2. 디자인 요소 3. 디자인 기법 4. 디자인 법칙	

마무리하기			
정면	좌측	우측	후면

실습 일지

능력단위명	헤어스타일 연출	교과목명	크리에이티브 업스타일
작성 일시	20 년 월 일	담 당 교 수	
학 번		학 생 명	

학습 목표	

준비하기	분석하기

진행하기	진행 순서
1. 섹션(블로킹) 2. 디자인 요소 3. 디자인 기법 4. 디자인 법칙	

마무리하기			
정면	좌측	우측	후면

실습 일지

능력단위명	헤어스타일 연출	교과목명	크리에이티브 업스타일
작성 일시	20 년 월 일	담 당 교 수	
학 번		학 생 명	

학습 목표	

준비하기	분석하기

진행하기	진행 순서
1. 섹션(블로킹) 2. 디자인 요소 3. 디자인 기법 4. 디자인 법칙	

마무리하기			
정면	좌측	우측	후면

실습 일지

능력단위명	헤어스타일 연출	교과목명	크리에이티브 업스타일
작성 일시	20 년 월 일	담 당 교 수	
학 번		학 생 명	

학습 목표	

준비하기	분석하기

진행하기	진행 순서
1. 섹션(블로킹) 2. 디자인 요소 3. 디자인 기법 4. 디자인 법칙	

마무리하기

정면	좌측	우측	후면

실습 일지

능력단위명	헤어스타일 연출	교과목명	크리에이티브 업스타일
작성 일시	20 년 월 일	담당교수	
학 번		학 생 명	

학습 목표	

준비하기	분석하기

진행하기	진행 순서
1. 섹션(블로킹) 2. 디자인 요소 3. 디자인 기법 4. 디자인 법칙	

마무리하기			
정면	좌측	우측	후면

실습 일지

능력단위명	헤어스타일 연출	교과목명	크리에이티브 업스타일
작성 일시	20 년 월 일	담 당 교 수	
학 번		학 생 명	

학습 목표	

준비하기	분석하기

진행하기	진행 순서
1. 섹션(블로킹) 2. 디자인 요소 3. 디자인 기법 4. 디자인 법칙	

마무리하기			
정면	좌측	우측	후면

실습 일지

능력단위명	헤어스타일 연출	교과목명	크리에이티브 업스타일
작성 일시	20 년 월 일	담당교수	
학 번		학 생 명	

학습 목표	

준비하기	분석하기

진행하기	진행 순서
1. 섹션(블로킹) 2. 디자인 요소 3. 디자인 기법 4. 디자인 법칙	

마무리하기			
정면	좌측	우측	후면

실습 일지

능력단위명	헤어스타일 연출	교과목명	크리에이티브 업스타일
작성 일시	20 년 월 일	담당교수	
학 번		학 생 명	

학습 목표	

준비하기	분석하기

진행하기	진행 순서
1. 섹션(블로킹) 2. 디자인 요소 3. 디자인 기법 4. 디자인 법칙	

마무리하기			
정면	좌측	우측	후면

실습 일지

능력단위명	헤어스타일 연출	교과목명	크리에이티브 업스타일
작성 일시	20 년 월 일	담당교수	
학 번		학 생 명	

학습 목표	

준비하기	분석하기

진행하기	진행 순서
1. 섹션(블로킹) 2. 디자인 요소 3. 디자인 기법 4. 디자인 법칙	

마무리하기			
정면	좌측	우측	후면

실습 일지

능력단위명	헤어스타일 연출	교과목명	크리에이티브 업스타일
작성 일시	20 년 월 일	담 당 교 수	
학 번		학 생 명	

학습 목표	

준비하기	분석하기

진행하기	진행 순서
1. 섹션(블로킹) 2. 디자인 요소 3. 디자인 기법 4. 디자인 법칙	

마무리하기			
정면	좌측	우측	후면

실습 일지

능력단위명	헤어스타일 연출	교과목명	크리에이티브 업스타일
작성 일시	20 년 월 일	담 당 교 수	
학 번		학 생 명	

학습 목표	

준비하기	분석하기

진행하기	진행 순서
1. 섹션(블로킹) 2. 디자인 요소 3. 디자인 기법 4. 디자인 법칙	

마무리하기			
정면	좌측	우측	후면

실습 일지

능력단위명	헤어스타일 연출	교과목명	크리에이티브 업스타일
작성 일시	20 년 월 일	담 당 교 수	
학 번		학 생 명	

학습 목표	

준비하기	분석하기

진행하기	진행 순서
1. 섹션(블로킹) 2. 디자인 요소 3. 디자인 기법 4. 디자인 법칙	

마무리하기			
정면	좌측	우측	후면

실습 일지

능력단위명	헤어스타일 연출	교과목명	크리에이티브 업스타일
작성 일시	20 년 월 일	담 당 교 수	
학 번		학 생 명	

학습 목표	

준비하기	분석하기

진행하기	진행 순서
1. 섹션(블로킹) 2. 디자인 요소 3. 디자인 기법 4. 디자인 법칙	

마무리하기			
정면	좌측	우측	후면

실습 일지

능력단위명	헤어스타일 연출	교과목명	크리에이티브 업스타일
작성 일시	20 년 월 일	담 당 교 수	
학 번		학 생 명	

학습 목표	

준비하기	분석하기

진행하기	진행 순서
1. 섹션(블로킹) 2. 디자인 요소 3. 디자인 기법 4. 디자인 법칙	

마무리하기			
정면	좌측	우측	후면

실습 일지

능력단위명	헤어스타일 연출	교과목명	크리에이티브 업스타일
작성 일시	20 년 월 일	담 당 교 수	
학 번		학 생 명	

학습 목표	

준비하기	분석하기

진행하기	진행 순서
1. 섹션(블로킹) 2. 디자인 요소 3. 디자인 기법 4. 디자인 법칙	

마무리하기			
정면	좌측	우측	후면

실습 일지

능력단위명	헤어스타일 연출	교과목명	크리에이티브 업스타일
작성 일시	20 년 월 일	담당교수	
학 번		학 생 명	

학습 목표	

준비하기	분석하기

진행하기	진행 순서
1. 섹션(블로킹) 2. 디자인 요소 3. 디자인 기법 4. 디자인 법칙	

마무리하기

정면	좌측	우측	후면

참고문헌

- NCS기반 베이직 업스타일/2018/구민사/어수연 외
- 미용장 실기/2009/청구문화사/홍도화 외
- STEP BY STEP/2007/미디어뷰/이복자 외
- PIVOT POINT LONG HAIR DESIGN/1998/Pivot Point International.Inc
- 국가직무능력표준 NCS http://ncs.go.kr

NCS기반 크리에이티브 업스타일

초판　　인쇄 ┃ 2016년　9월　10일
초판　　발행 ┃ 2016년　9월　15일
개정 1판 발행 ┃ 2019년　7월　　1일

지은이 ┃ 어수연, 손지연, 진용미, 박은준, 유세은, 강주아, 권기형, 김종란
발행인 ┃ 조규백
발행처 ┃ 도서출판 구민사
　　　　　(07293) 서울특별시 영등포구 문래북로 116, 604호(문래동3가 46, 트리플렉스)

전화 ┃ 02.701.7421~2
팩스 ┃ 02.3273.9642
홈페이지 ┃ www.kuhminsa.co.kr

신고번호 ┃ 2012-000055호(1980년 2월 4일)
ISBN ┃ 979-11-5813-696-3 (93590)
값 28,000원